笑江南 編繪

中 華 教 育

主要人物介紹

豌豆射手

堅果

噬碑藤

迴旋鏢射手

冰凍生菜

捲心菜投手

雙胞向日葵

雙向射手

寒冰射手

騎牛小鬼殭屍

太陽神殭屍

木乃伊殭屍

路障木乃伊殭屍

駱駝殭屍

殭屍博士

木乃伊小鬼殭屍

法老木乃伊殭屍

專家推薦

我們生活的環境中，處處潛伏着肉眼看不見的微生物。它們時刻想侵入我們的身體，定居在這個充滿營養的地方。但為甚麼我們的身體還能正常運轉，維持健康呢？這就要說到免疫系統啦！

很多人把人體比喻為一座城堡，免疫系統就是這座城堡裏的守軍，負責清理人體內部的損傷細胞和腫瘤細胞，抵抗外部的病原等微生物的進攻。

這支「免疫軍團」工作任務非常繁重，它們需要識別「自己」和「非己」成分，消滅「非己」，與「自己」和平相處；它們還要有記憶，記住曾經遇到過的病原體，下次遇到時，快速識別，準確應對……它們要完成的任務複雜、多樣，難免會有出錯的時候，這就會對人體產生有害的反應和結果，如，引發超敏反應和自身免疫疾病等。

這本漫畫書通過小朋友們熟悉的角色——豌豆射手、堅果、噬碑藤等，生動地解釋了很多日常生活中涉及人體免疫的科學現象及知識，還講到了小朋友們當下會遇到的困惑，如不同的疫苗接種的次數為甚麼不一樣？「疫苗猶豫」是甚麼？等等，為小朋友們展示了免疫學廣闊的知識視野，提供了無限的想像空間。

衷心希望小朋友們在讀完這本書後，能更加了解絢麗多姿的免疫學世界，愛上奧妙無窮的生命科學！

郭振

中國科學技術大學生命科學與醫學部　副教授

目錄

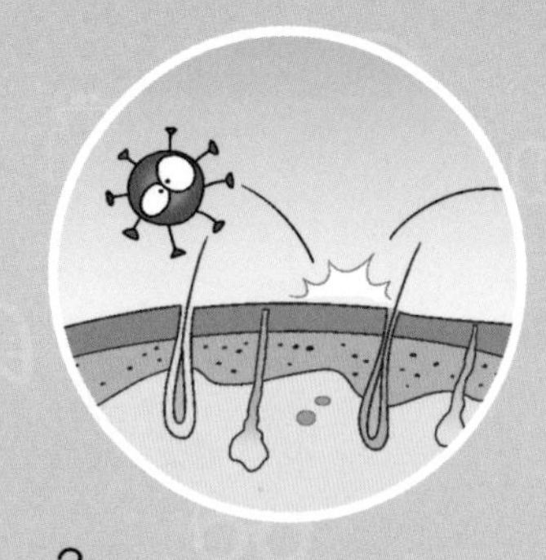

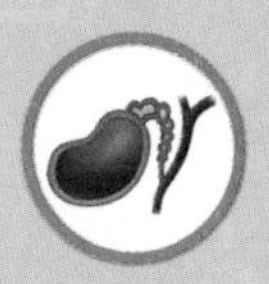

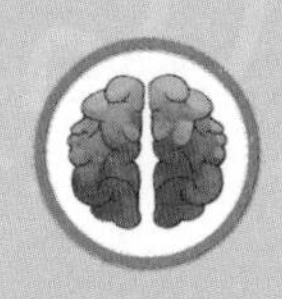

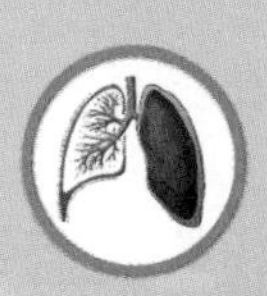

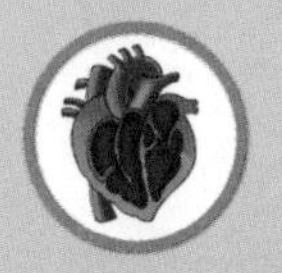

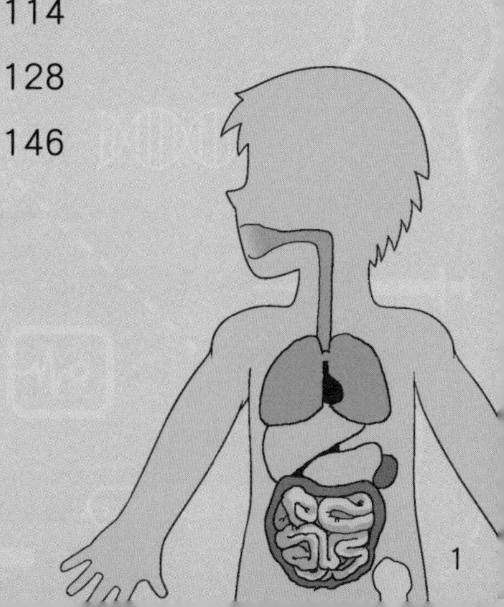

瘋狂樹屋
想要百毒不侵嗎？
要嗎？來這裏找我
們吧！
——瘋狂樹屋

沙漠祭壇前

骰子呢？
來了！

偉大的神明，請給我指明前進的道路吧！

666！這……
哈哈哈！
感謝神明，
我們終於要
翻身了！

植物鎮

免疫學基礎

嘿！
免疫學基礎

植物鎮現在百廢待興，你怎麼還到處溜達？
百廢待興也要休息嘛，你不是也溜出來看書了？

我這是温故而知新，不斷學習才能更好地建設植物鎮呀！
你說得太有道理了，讓我也看看！
免疫學基礎

差不多了吧？
看得是差不多了，可我也沒看出甚麼新東西呀？

我是說你吃得差不多了吧！碎屑都掉到我書上了！

別生氣，我用紙給你擦擦。

別擦了，你這紙更髒，哪裏弄來的呀？
隨手撿的呀……好像是張小廣告？

讓我看看……

想要百毒不侵嗎？想要讓對手不堪一擊嗎？來這裏找我們吧！
——瘋狂樹屋

瘋狂樹屋是甚麼地方？
沒聽說過啊，但是名字還挺有吸引力的。

不會是甚麼新開的遊樂園吧？
這上面有地址，去看看？

這就是瘋
狂樹屋？
還真有點瘋
狂呢！

像個外星飛船
一樣，不會有
外星人吧？！
別怕，遇到外星人
的概率比中 500 萬
彩票的概率還小。

我不是怕，我倒
是希望有外星人
請我吃點外星美
食呢。

瘋狂樹屋內

天哪，這麼多醫療設備，還有藥品，簡直是應有盡有，這是誰開在這裏的超級綜合醫院呀？！
這麼高級的飛船一定得花不少錢吧，能買多少零食吃啊！

你確定這是海報上的瘋狂樹屋嗎？不會帶錯路了吧？
地址上寫的就是這兒！
這聲音……

殭屍博士，騎牛小鬼殭屍！

真倒霉，到哪兒都能遇上植物！
我看是你們在跟蹤我們！

誰跟蹤了？我們是跟着海報地址來的！
海報？

這麼熱鬧呀！
戴夫？！你到底在搗甚麼鬼？

幾個月前，我在一本古書中看到：古埃及的醫學十分發達，發明了能讓人百毒不侵的祕藥，後來逐漸失傳了。據猜測，這個祕藥可能與人體的免疫系統有關。

免疫系統？
免疫系統是人體健康最重要的一道屏障，由免疫器官、免疫細胞和免疫活性物質組成，是人體抵禦外部病原體入侵、識別並清除體內病變細胞的保衛系統。

這祕藥肯定能強化人體的免疫系統！

我前幾天曾悄悄進入埃及的金字塔去尋找祕藥，結果卻意外發現了一把鑰匙。
這把名叫「時空之鑰」的鑰匙具有穿越時空的能力。
穿越時空？

我打算駕駛「瘋狂樹屋」號穿越到古埃及尋找祕藥，但害怕一個人太孤獨，所以散發海報尋找同伴，沒想到你們都來了。

叫你亂發海報！把鑰匙給我吧！
抓

你想幹甚麼？
這種寶貝落在你們手裏就浪費了。還是給我吧！

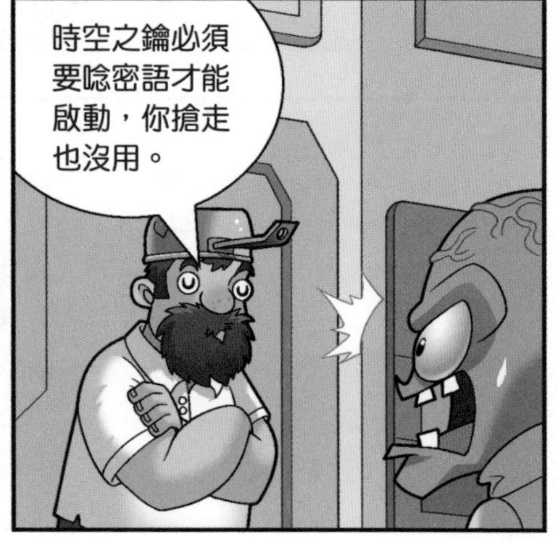
時空之鑰必須要唸密語才能啟動，你搶走也沒用。

密語是
甚麼？
我不會告
訴你的！

戴夫，別裝了，
看你就不像是知
道密語的樣子。
別想用激將
法，我是不
會上當的！

你看你看，裝
得還挺像！
哼，他就是這
樣的人，十足
的演技派！

看不起誰呢？！我
當然知道，是「時
空之鑰，請帶我去
往你的世界」。

哈哈哈，你這智商
也太低了，一套就
套出來了——一邊
兒去！
踢
啊——

時空之鑰，請帶我去往你的世界！
不許走！

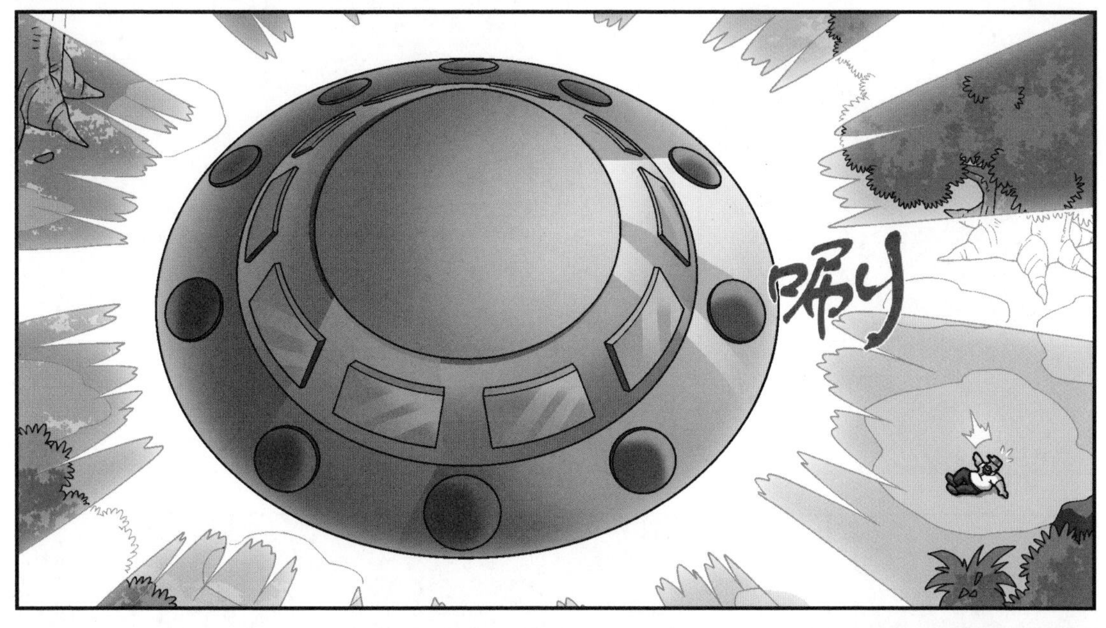
唰

咻

沙漠之城

做夢！
給我！

博士，我來幫你！
休想！

呸呸，怎麼這麼多沙子？！

那是甚麼？

別爭了，
我們好像
穿越了！
砰

金字塔……沙
漠……難道我
們真的穿越到
了古埃及？

我要回去！
快把時空之
鑰給我！
休想，我
還要去找
祕藥呢！

碎
碎

喂喂喂，你們想幹甚麼？

我們成俘虜了？
早知道就不玩穿越了……

嘿，嘿！

好多星
星啊！

怪物啊！
哪有甚麼
怪物？

你是誰？
我沒見過
你啊。
我叫噬碑藤，
是植物鎮的一
名實習醫生。

太巧了，我
叫堅果，我
們是同行！
真的嗎？不過我
還在跟着迴旋鏢
射手老師學習，
還不算一名真正
的醫生。

哎喲，我
的頭——
豌豆射手，
你也醒了！

快看，我
找到了一
個同行！
同行？

怪物啊！

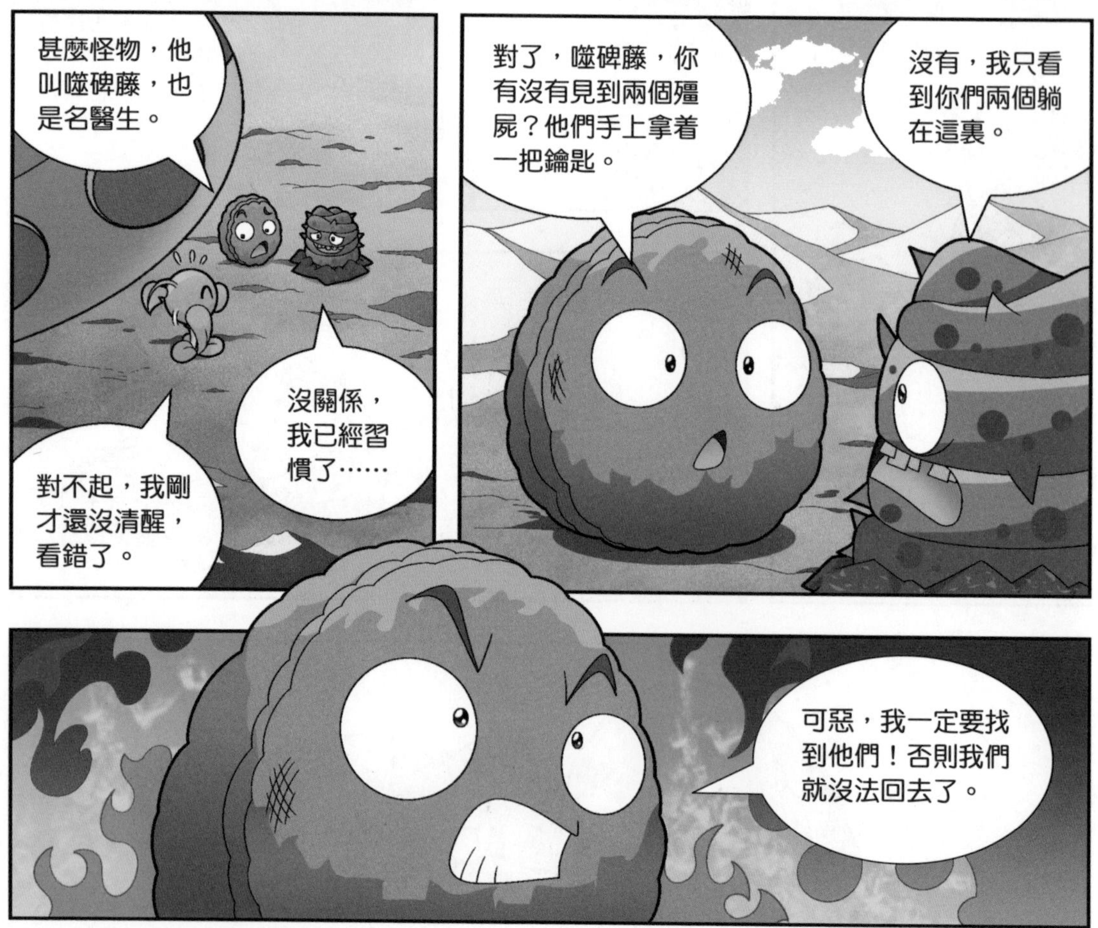
甚麼怪物，他叫噬碑藤，也是名醫生。
對不起，我剛才還沒清醒，看錯了。
沒關係，我已經習慣了……
對了，噬碑藤，你有沒有見到兩個殭屍？他們手上拿着一把鑰匙。
沒有，我只看到你們兩個躺在這裏。
可惡，我一定要找到他們！否則我們就沒法回去了。

回去？回哪兒？你們從哪兒來？怎麼會躺在這裏？後面的大傢伙也是你們的嗎？
你慢點問，我頭都疼啦。

我們從現代不小心穿越到這裏，殭屍搶走了穿越時空的寶物，我們被困在這裏了。
現代是甚麼地方？穿越是穿甚麼？

呼

糟糕，儀式快開始了，我得走了！
甚麼儀式？

最近鎮子裏爆發了怪病，老師決定舉行一場禱告儀式，祈求神明消滅疾病！

甚麼怪病？
開春以來，許多植物都身體不適，打噴嚏、咳嗽……冰凍生菜最嚴重，已經開始發燒了。

怎麼聽起來有點像花粉過敏呢？
花粉……過敏？

嗯，花粉過敏是免疫系統對花粉的過度反應，屬於免疫性疾病。
甚麼是免疫性疾病？
人體的免疫細胞有時候會過分敏感，對無害的抗原小題大做，就產生了免疫性疾病。
抗體
抗原
免疫細胞

抱歉，我忘了現在是古埃及，應該沒有這些術語。
真慚愧，我醫術太淺薄，你說的這些我都聽不懂……

儀式開始了！
嗚哩哇啦……

沒事，你以後有甚麼不懂的，都可以來問我。
謝謝。

你就喜歡往人多的地方湊！
豌豆射手，我們也一起過去看看吧？

嗖 嗖

急救風波

嗚哩哇啦……
尊敬的神明，請用火焰將冰凍生菜的病痛帶走……

快停下！
嗖

他是誰？你帶他來幹甚麼？
我……我也不知道他要幹甚麼啊！

還愣着幹甚麼？還不快阻止他！
是……是！

快醒醒！

豌豆射手，
這邊！

他怎麼樣？
體溫很高，
已經休克了。

帶他回飛船
治療吧！
嗯！

站住，你們想
把我的病人帶
到哪裏去？！

病人情況很危急，需要馬上救治！
我當然知道，所以才請神明帶走他身上的病痛。

簡直胡鬧，你這根本就是在害他！
你竟敢對神明大不敬，我饒不了你！
嗒

我滾！
哎喲！
砰

你……你不准走！
現在一刻也不能耽誤，你再攔着我，冰凍生菜會有生命危險的！

可是……可是……你能保證治好他嗎？
至少不會變得更壞！但是你再攔着就不一定了！

……好吧，
就相信你一
次，我和你
一起去！
謝謝！

站住！

臭小子，
都怪你！
對不起，我也
是為了救人！

這些是甚麼？我
從來沒見過！
這些都是現代的醫
療設備，對你們來
說就是未來的，你
沒見過很正常。

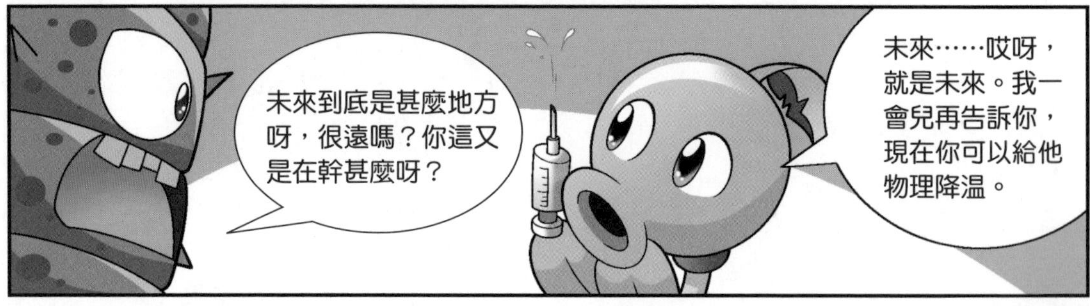
未來到底是甚麼地方
呀，很遠嗎？你這又
是在幹甚麼呀？
未來……哎呀，
就是未來。我一
會兒再告訴你，
現在你可以給他
物理降溫。

屋裏降溫？
我們現在算
在屋裏嗎？
我是讓你用溫熱
的毛巾擦拭一下
他的身體。剛才
的火烤讓他的情
況很不樂觀。

住……住手！
你要幹甚麼，
我不允許你傷
害他！
別擔心！我是要給他
注射退燒特效藥，不
會有危險的。

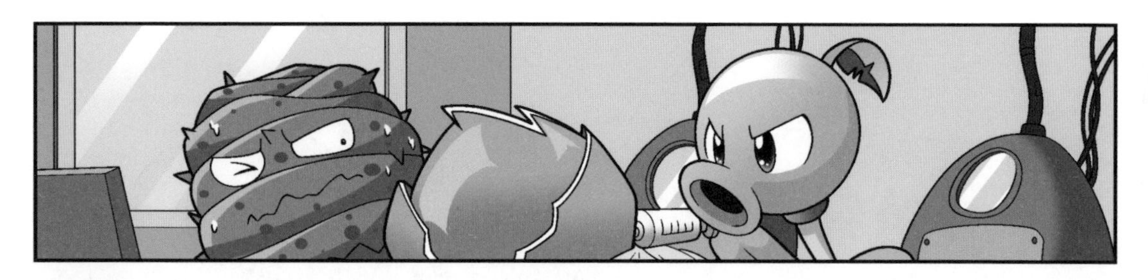

他看起來好多了，身體也不怎麼燙了。

發燒太可怕了。
其實，發燒是身體應對感染和受傷的一種正常生理反應，適當程度的發燒有助於提高身體抵抗病菌的能力。

但是，如果體溫過高，就可能引起頭暈、驚厥、休克，甚至留下嚴重的後遺症。
這種情況必須儘快進行治療。
注射特效藥太神奇了吧。

醫生，我最近也不太舒服，你給我也注射特效藥吧！
126 72

不會飛的飛船

噬碑藤，針
不能亂打。
那我們平常
生病的話，
怎麼辦呀？

別怕，我們有
免疫系統呀！
我只知道木
桶、水桶和
飯桶，你說
的這是個甚
麼桶？

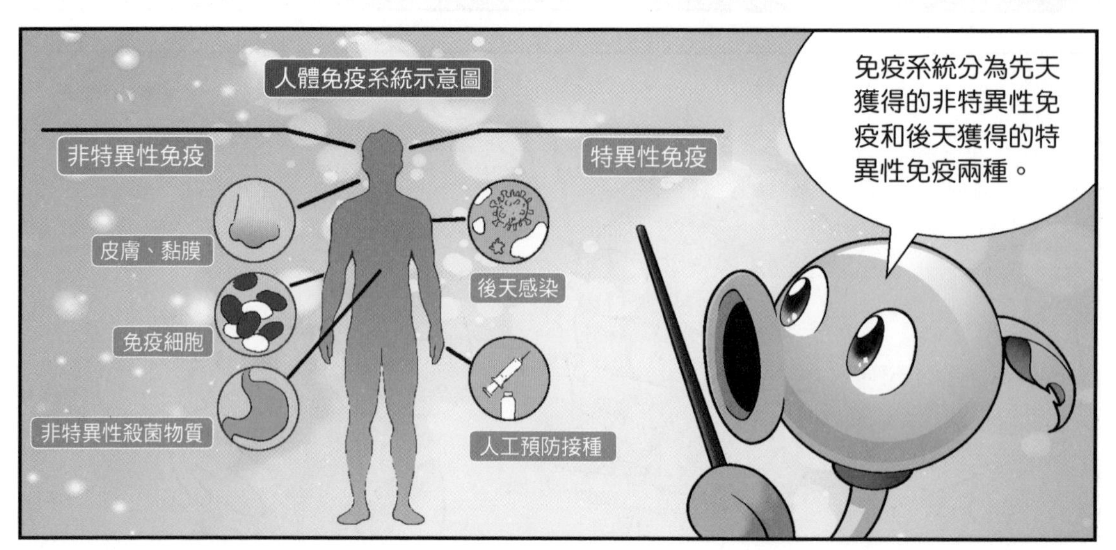

人體免疫系統示意圖
非特異性免疫
特異性免疫
皮膚、黏膜
免疫細胞
非特異性殺菌物質
後天感染
人工預防接種
免疫系統分為先天
獲得的非特異性免
疫和後天獲得的特
異性免疫兩種。

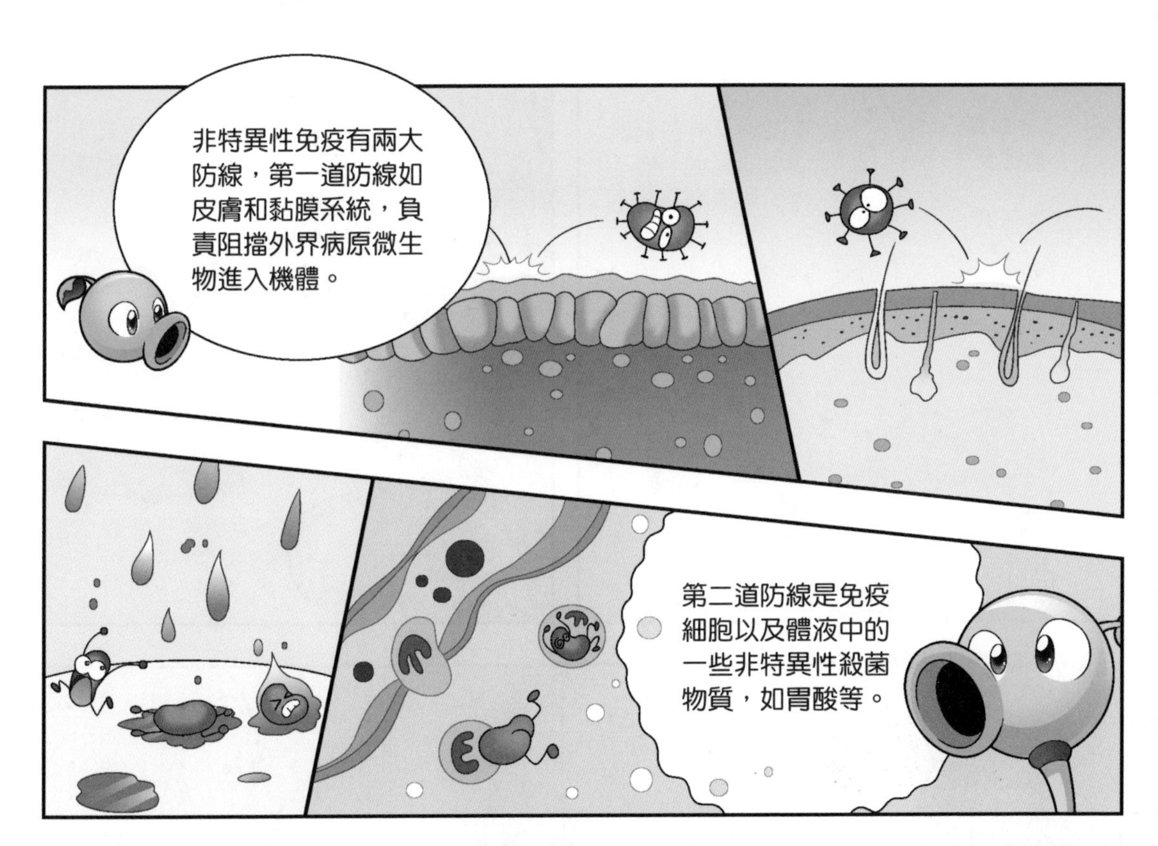
非特異性免疫有兩大
防線，第一道防線如
皮膚和黏膜系統，負
責阻擋外界病原微生
物進入機體。
第二道防線是免疫
細胞以及體液中的
一些非特異性殺菌
物質，如胃酸等。

而特異性免疫，簡單來說，就
是你得過某一種疾病後，體內
就產生了專門針對這種疾病的
衛兵——抗體，可以防止你再
次感染，也可以通過人工預防
接種獲得。
講得我口乾
舌燥的。咦，
有辦法啦！
這本書送給
你，對你應
該有用。

《免疫學
基礎》？
這本書講了許多有關
免疫學的知識，看了
以後，如果有甚麼不
懂的，可以問我。

其實標題我就不
懂，你從標題開
始教我吧。

嘭
嘭

疼疼疼！
放開他！
你先把冰凍生
菜交出來！

咦，噬碑藤，你怎麼也在這兒？！冰凍生菜呢？
冰凍生菜還在昏迷中，你不能帶走他。

老師，冰凍生菜剛經過治療，現在在休息，他很快就會好起來的！
他們給你吃了甚麼迷藥，這麼快你就向着他們了？

這是哪兒？
你醒了！
現在感覺怎麼樣？
舒服多了。

老師，冰凍生菜真的好多了！
哼，這是因為我祈求了神明的護佑。

甚麼神明不神明的，都是迷信！
大膽！敢污蔑神明！

冰凍生菜，在神明的庇佑下，你的病才會好得這麼快，還不趕緊跟我回去，向神明還願！

來了！
可你的病還沒完全好呢！

沒關係，神明會繼續保佑我的！

臭小子，今天我先放你一馬！

噬碑藤，還不趕緊走？！
我……

等一下！
你還想幹甚麼？

冰凍生菜，這個送給你。
這是甚麼？

口罩，戴上它，能防止你過敏。
你在說甚麼呀……

別相信這個陌生傢伙，誰知道他會不會有甚麼陰謀。

算了，我還是不要了，還給你。

謝謝你了。
把這個給我吧，我會和他解釋清楚的。

真是好心沒好報。
算了，他們在這個年代對很多東西都不懂……

接下來我們該怎麼辦？
時空之鑰還是下落不明……
堅果，沒想到你也是偶爾能想出好主意的嘛！
既然這是一艘飛船，那我們可以駕駛它去尋找殭屍博士啊。

可是哪個按
鈕才是控制
飛行的呢？

奇怪，這些
按鈕怎麼都
沒反應？
我知道了！
你知道怎
麼啟動飛
船了？

不，一定是戴夫
的這艘破飛船根
本就不能飛！
怎麼可能
嘛……

救世主駕到

各位英雄，我們初來乍到，有甚麼冒犯的，還請你們大人有大量，原諒我們吧！

快放手，你們怎麼能對救世主如此不禮貌？！
救世主？

二位貴客，我們已經在此恭候多時了。
等我們？

是的，我通過占卜預測到，會有救世主乘坐巨大的飛船來到這裏，想必就是二位了！

呼呼
救世主？
你們二位將帶領殭屍重回盛世，統治植物！

算了吧！我們來的那個年代，殭屍也根本打不過植物……

雖然我們現在比較貧苦，但是從前我們也是這個世界的統治者。
看到那些金字塔了嗎？它們可都是植物為殭屍法老建造的！

那你們今天怎麼淪落成這樣？
唉，還不是因為植物。

幾百年前，植物突然發起襲擊，把我們從城鎮裏趕了出來。
從此，我們就只好躲在這一小片沙漠裏苟延殘喘，生活水平一落千丈。

但是，今時不同往日，二位救世主，一定能幫助我們打敗可惡的植物，重登統治之位！

別以為隨便恭維幾句，就能讓我平白無故為你們賣命。

這位是殭屍博士，大名鼎鼎的戰略家，做個救世主還是綽綽有餘的。

老大，不好了，木乃伊殭屍發高燒啦！
甚麼？

怎麼回事？

他在製作貓木乃伊時，很羡慕貓有耳朵，就把貓耳朵接到了自己頭上。
沒過多久，他就發起了高燒，吃藥也不見好。

聽起來像是排斥反應。
排斥反應？

就是免疫系統把外來的器官當作有害的異物，從而發動猛烈的攻擊，於是身體產生了各種排斥反應。

那現在怎麼辦？
把引起排斥的器官及時清除。
也就是把貓耳朵摘下來。

我來！

你要幹甚麼？

你生病都是因為這對貓耳朵，我現在要把它們摘下來。
不行！你不能摘掉我的貓耳朵！

木乃伊殭屍，我們這是為你好！
不行，我不會放棄我的耳朵的！

讓我來！

你可以保留你的貓耳朵，但是得忍受排斥反應的後果！
會有甚麼後果？

排斥反應可能引起全身感染。
到時候你的整個身體都會疼痛不止，連命都可能保不住。你要是能忍受那就留着吧。

啊——我還是保命要緊，快幫我把貓耳朵拿下來！

搞定！
啪
不愧是救世主，短短幾句話就把事情解決了！

您等等我！我身上也有很多疑難雜症，拜託給我治治吧！

飛船醫院

嘭嘭嘭

冰凍生菜，
你身體好一
些了嗎？
好多了，我戴上了
噬碑藤帶回來的口
罩，現在一點都不
難受了。

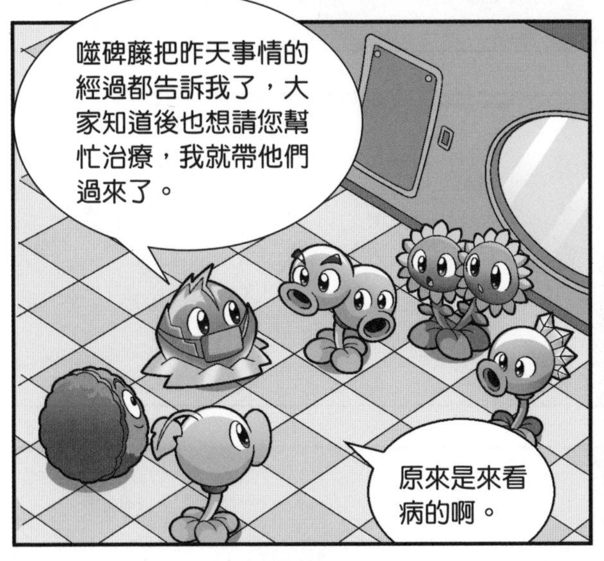
噬碑藤把昨天事情的
經過都告訴我了，大
家知道後也想請您幫
忙治療，我就帶他們
過來了。
原來是來看
病的啊。

醫生，我最近
一直咳嗽流鼻
涕，您也給我
治療一下吧！
我也是，頭還
暈乎乎的。

大家別着急，
一個一個來。
請到我這裏來
排隊掛號。

醫生，雙胞向
日葵到底得了
甚麼病？

根據我的判斷，他們得的都是流感。
流感？

就是流行性感冒，也是傳染病的一種。
那能治好嗎？

別擔心，吃點兒藥，應該就會好的。
那太好啦！

不過流感很容易傳染，我建議你接種流感疫苗。
疫苗是甚麼菜？我只知道豆苗……

疫苗就是把病原微生物及其代謝產物，經過人工減毒、滅活或利用轉基因等技術，製成藥物，可以用來預防疾病。
流感疫苗可以預防流感病毒引起的流行性感冒。

寒冰射手，你就聽醫生的話吧，我可不想傳染給你。
我從來沒聽說過疾病還能預防，我不信！

而且我的身體很棒，不像你們這麼弱不禁風。

噬碑藤？

你怎麼來了？
今天我們診所沒甚麼病人，我就來你們這兒看看。

我還有事，我要回去了。
等等！
嗒嗒

喂，你們的藥忘記拿了！

雙胞向日葵得了流感，所以我建議寒冰射手注射疫苗，防止被傳染，沒想到他不願意。
出甚麼事了？

我記得書上說過，疫苗能激起特異性免疫反應，消滅外來入侵的抗原。

我回去仔細研讀了《免疫學基礎》，學到了不少知識。
真棒，你現在都知道免疫反應了。

好吧！我試試！
噬碑藤，我建議你也注射流感疫苗，畢竟你和病人們接觸很多。

我有點
緊張。
沒甚麼好怕
的，一下子
就結束了。

那你為甚
麼躲得那
麼遠！
我怕打擾
你們……

那我們就
開始吧。
會不會很
疼啊？

好了。
這就結
束了？

明明一點都不疼嘛！
堅果躲那麼遠，都把我弄緊張了。

呀，失敗了，我還以為他也會很害怕呢。
你看，他就是這麼幼稚……

觀察30分鐘，沒問題就可以走了，也不用注射第二針。
還有要打兩針的嗎？

疫苗可以分為滅活疫苗、減毒活疫苗等，不同疫苗需要接種不同劑次，來確保體內產生足夠的抗體。

對。減毒活疫苗一般接種一次就可以產生長久的免疫效果，而滅活疫苗需要多次接種，體內才能達到足夠多的抗體。

但是，滅活疫苗比減毒活疫苗更安全一些。
原來是這樣，我又學到了！

為甚麼我感覺有點頭暈？
別擔心，喝點水，再觀察一下。

那我就不客氣啦！
咕嘟咕嘟

特殊的病人

對不起，我很忙，以後再說吧！

這一家也不肯嗎？
嗯……

明明已經有很多人得流感了，大家卻都不願意打疫苗，怎麼會這樣呢？
大家目前應該還處於「疫苗猶豫」狀態。

是因為他們對疫苗不了解，認為接種疫苗沒那麼重要和緊急嗎？
沒錯，還有就是他們擔心疫苗不安全，或者保護作用不大，所以持觀望態度。

怎樣才能改變這一狀況呢？
只能加強疫苗相關知識，多多動員了。

對了，你最近一直在我們這兒幫忙，會不會影響診所的工作？
還有你那個兇巴巴的老師，他會不會不高興？
迴旋鏢射手老師才不兇呢，而且我相信他會理解我做的事情。

再說診所最近也不忙，我想和你們兩個「飛船神醫」多學點新知識。
便利

噬碑藤啊噬碑藤，診所不忙還不是因為生意被他們搶了！

甚麼「飛船神醫」，我要讓你們露出馬腳！

累了一天，總
算能休息了。

請救救我！

你怎麼了？
我……你
還是自己
看吧！

這些包是幾年前開始長的，當時很小，所以我沒太在意。但是它們最近愈長愈大。我看了幾位醫生，都說沒法治，你們是我最後的希望了！
別着急，先來做個檢查。

醫生，情況怎麼樣？
從檢查結果來看，你身上的包是腫瘤，情況有些嚴重。

而且腫瘤已經發生了轉移，即使全部切除，情況也很不樂觀。
啊——

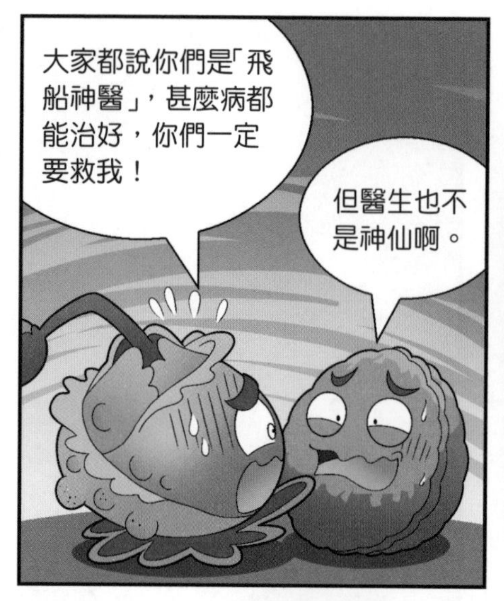
大家都說你們是「飛船神醫」，甚麼病都能治好，你們一定要救我！
但醫生也不是神仙啊。

我還這麼年輕，未來的日子長着呢！
你別這樣，快起來。

沒想到啊，大名鼎鼎的「飛船神醫」也有看不好的病。
老師，您怎麼來了？
你整天待在這裏，我來看看你在這裏都學到些甚麼。
不過現在看來，他們的醫術也不怎麼樣。你還是跟我回去吧！
可是……

別在這裏浪費時間了，看他倆就不像甚麼好人。

噬碑藤……
喂，你要幹甚麼？

我的病真的治不好了嗎？
別激動，你的病還是有希望治好的。
唉……哪還有甚麼希望啊？
我們就是你的希望。

最後的辦法

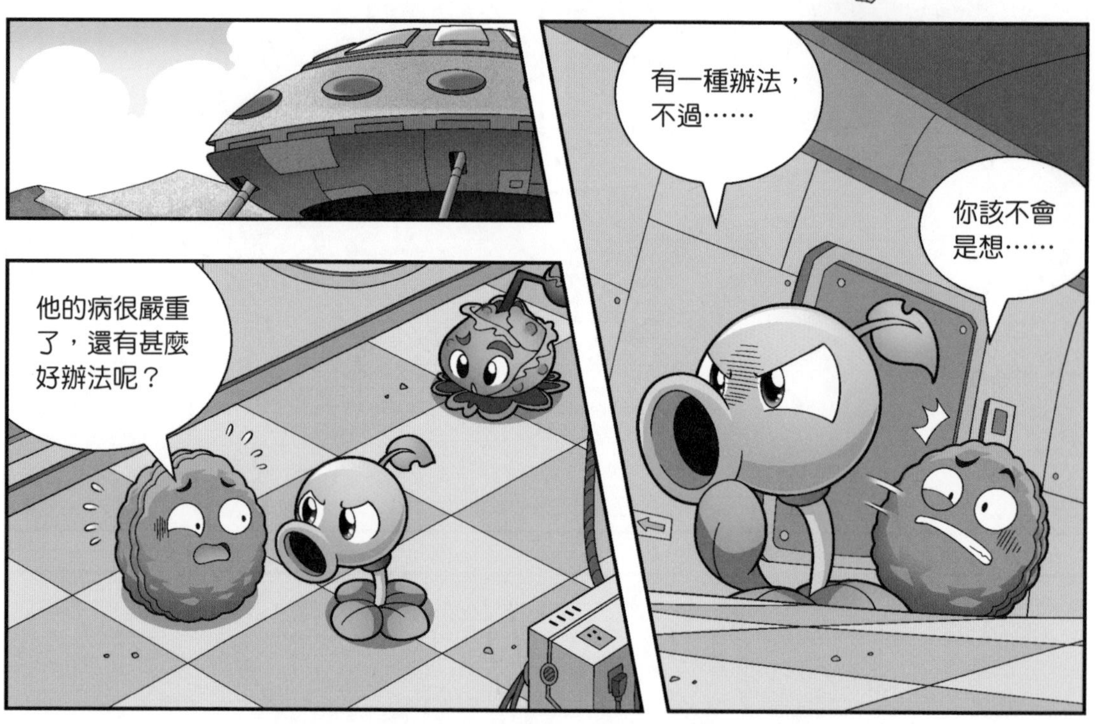
有一種辦法，
不過……
你該不會
是想……
他的病很嚴重
了，還有甚麼
好辦法呢？

目前，我們也只
能用這種方法幫
助捲心菜投手治
療了。
那種方法我們只聽
老師講過，還沒有
親自實踐過，這有
很大的風險啊！

捲心菜投手，
我們考慮使用
腫瘤免疫療法
為你治療。
這是甚麼
方法？

正常情況下，人體免疫系
統是可以識別並清除腫
瘤細胞的，但腫瘤細胞
很「狡猾」，會採用不同
策略，使免疫系統受到抑
制，從而存活下來。

採用腫瘤免疫治療，可
以重新恢復人體正常的
抗腫瘤免疫反應，從而
控制和清除腫瘤細胞。
目前，這是我
們能想到的最
好的一種治療
方法了。

你要好好考慮一
下，畢竟風險還
是很大的。
只要能治，我
願意試一試！

我們還需要討論
一下具體的治療
方法，你先回去
休息吧。
我等你們的
好消息！

現在硬着頭皮
也要上了！
嗯，我們
加油吧！

植物鎮

從今天起，
你給我好好
待在這裏，
不許再去那
個破飛船！

哈哈哈，我
有救了！

你回來了？他
們怎麼說的？
「飛船神醫」
說有辦法治
好我的病！

迴旋鏢射手，
多虧了你的推
薦，這次真是
謝謝你啦！
這個……不
用客氣啦！

我要讓所有人
知道「飛船神
醫」真的很神！

老師，是您推
薦捲心菜投手
去飛船醫院看
病的？
是又怎
麼樣？

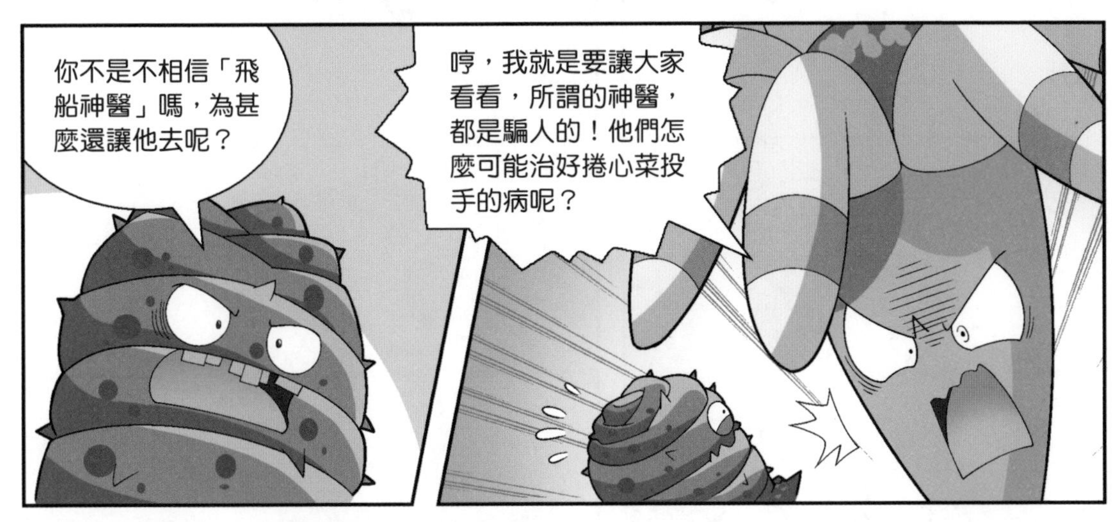
你不是不相信「飛
船神醫」嗎，為甚
麼還讓他去呢？
哼，我就是要讓大家
看看，所謂的神醫，
都是騙人的！他們怎
麼可能治好捲心菜投
手的病呢？

哈哈，這兩個江
湖騙子，我要當
眾戳穿他們！

噬碑藤，你
怎麼來了？
你們……真的
能治好捲心菜
投手嗎？

我們正在
為這件事
發愁呢。

我們雖然找到了治
療的方向，但是還
沒討論出一個詳細
完整的治療方案。

不過，你是
怎麼知道這
件事的？
何止是我，現在
植物鎮的居民應
該都知道了！

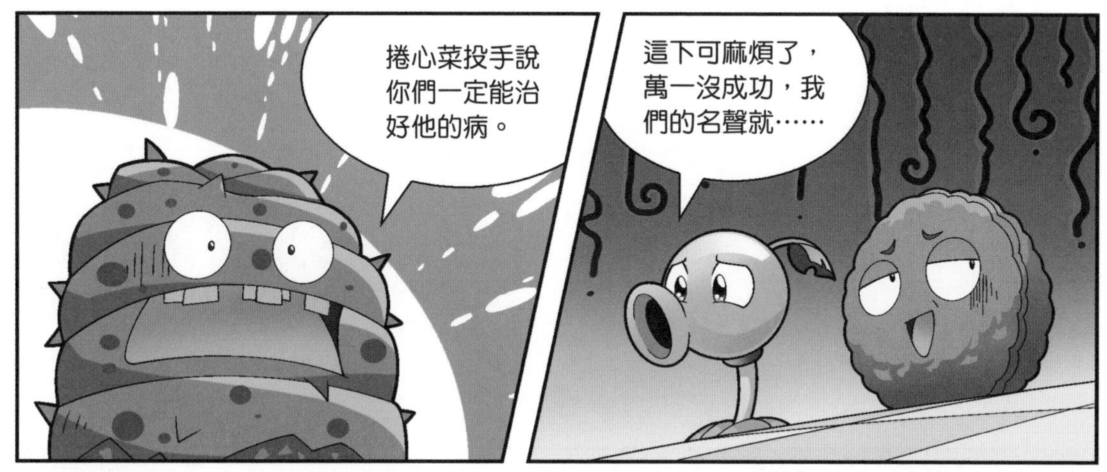
捲心菜投手說
你們一定能治
好他的病。
這下可麻煩了，
萬一沒成功，我
們的名聲就……

不過作為醫生，
無論是多小的希
望，我們都不能
放棄！
你說得對！

需要我幫
忙嗎？
當然！我們一
起努力吧！

暗下黑手

第二天

看來，有必要
調動「特警部
隊」了！

我沒聽錯吧，調
用軍隊治病？

我說的是 NK 細胞，它作為
自然殺傷細胞，不需要接受
免疫系統的特殊指令，也不
需要其他細胞配合，就能識
別並清除病原微生物，是一
種全能型的免疫細胞。

而且因為 NK 細胞常年
在保衛人體健康的第一
道防線上，不用被激活
就能直接上陣殺敵，常
被稱為免疫軍團裏的
「特警部隊」。

好厲害呀！

我也贊同採用 NK 細胞免疫療法。

這種方法需要採集病人自身的 NK 細胞，進行體外培養，使其數量增多，再輸回到人體內來殺滅腫瘤細胞。

我明白了，就是人工增加 NK 細胞的數量，使其能夠更快地殺死腫瘤細胞。
沒錯！

我這就去通知捲心菜投手！
嗒嗒

我了解得差
不多了。

NK 細胞免疫療法目前只有臨牀試驗，還沒實際用於臨牀治療，可能會存在未知的風險，你再認認真真考慮一下。

……只要有希望，我都想試一試！

3 天後

怎麼樣？

不行，NK 細胞增殖失敗。
這已經是第九次細胞培養了，為甚麼一直失敗呀？

一切步驟都是嚴格按照規定做的，具體原因我們也不知道。
捲心菜投手每天都來問我培養的結果，我現在都不知道該怎麼回答他了。

大家打起精神，我們再試一次！
嗯！

嗖
Z Z Z Z Z

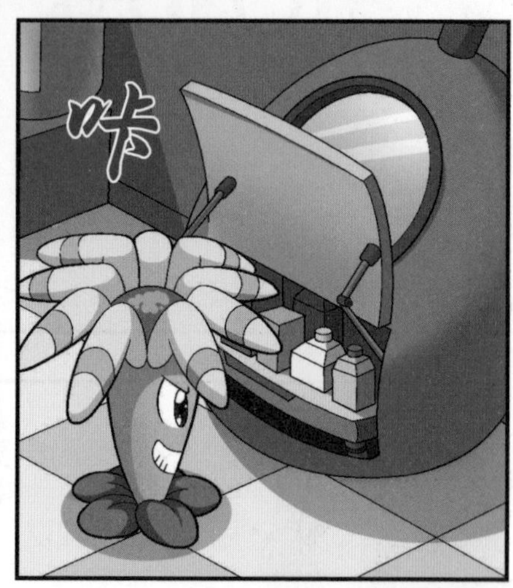
咔

想成功？
休想！

老師？

迴旋鏢射手？
你拿培養瓶
幹甚麼？

難道說之前細
胞培養失敗都
是因為你？
一定是他
幹的！

老師，真的
是你嗎？

是我又怎麼樣？！
自從這兩個傢伙來
了以後，病人就都
到這裏來看病，我
們的診所都快開不
下去了！

但這也不能是你搞破壞的理由！
細胞培養關乎着捲心菜投手的性命啊！
哼，誰知道你是不是真的在救捲心菜投手……

噬碑藤，早就和你說不許再過來，快跟我回去！
我……

我想留在這裏！

我想學習先進的醫療知識，想要用真正的科學救助病人！

你要是留在這
裏，就永遠不
要再回診所！

這沒用的東西還
給你們，我等着
看你們怎麼救捲
心菜投手！
啪

老師！

你還有我們。

秘藥疑雲

5 週後

你體內的腫瘤細胞顯著減少了，恭喜你，治療是有效的！
也就是說，我的病有希望了？
是的！

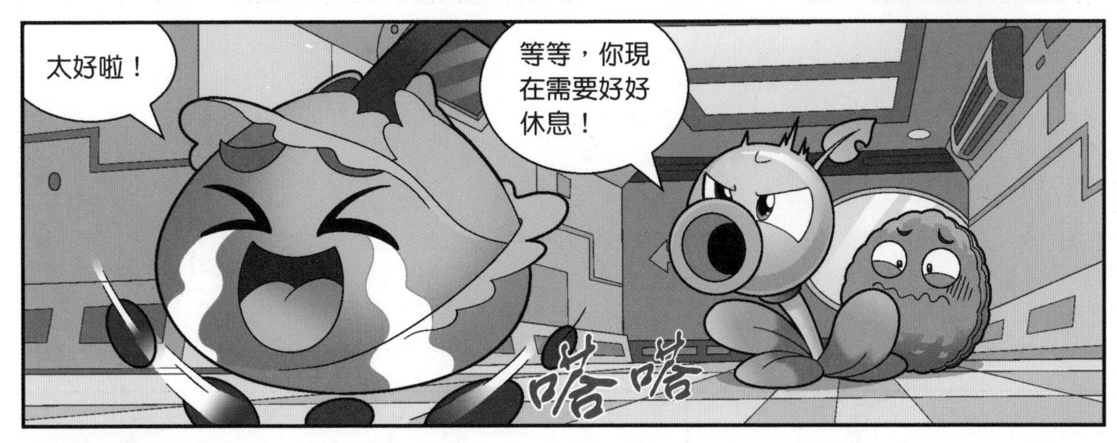
太好啦！
等等，你現在需要好好休息！
嗒嗒

診所

醫生，你這裏有治療拉肚子的藥嗎？
當然有，稍等啊。

你的肚子都疼
好幾天了，要
不去飛船醫院
看看吧？
飛船醫院太遠
了，我堅持不
到那裏了！

兩位請放心，我
這裏完全不比飛
船醫院差。我這
就給你們拿藥。

但「飛船神醫」
能治好捲心菜投
手的絕症，他比
你厲害！

哼，怎麼可能，
我聽說他們在治
療過程中失敗了
很多次呢。
過程中有失敗也
很正常啊，反正
現在捲心菜投手
看起來好多了！

沒想到他們
還真有兩把
刷子呢！

醫生……您
沒事吧？
沒甚麼，藥
做好了。

這麼大？你
這是藥丸還
是煎堆啊？
大的吃起
來才會效
果好。

藥丸太大了，吃起
來真費勁，要是有
小藥片就好了。
小藥片？世
界上哪有這
種藥？

聽說飛船醫
院就有！
算了，我還是去
飛船醫院吧。
走！
哼！飛船醫院，
我一定要把你們
比下去！

站住！
你禮貌一點！

救世主大人，您有甚麼吩咐？
太陽神殭屍，祕藥到底在哪兒？

我不是說了嗎？根本沒有這種東西！
不可能！我親耳聽說古埃及有一種能讓人百毒不侵的祕藥，所以才穿越過來的！

古埃及？穿越？甚麼亂七八糟的，您一定是聽錯了！
攔住他！

您沒事吧？
我最近總覺得身體不舒服。

他是生病了嗎？
他可能因為水土不服，導致免疫功能下降。

嚴格地說，免疫功能低下並不是一種疾病，而是一種身體狀態。

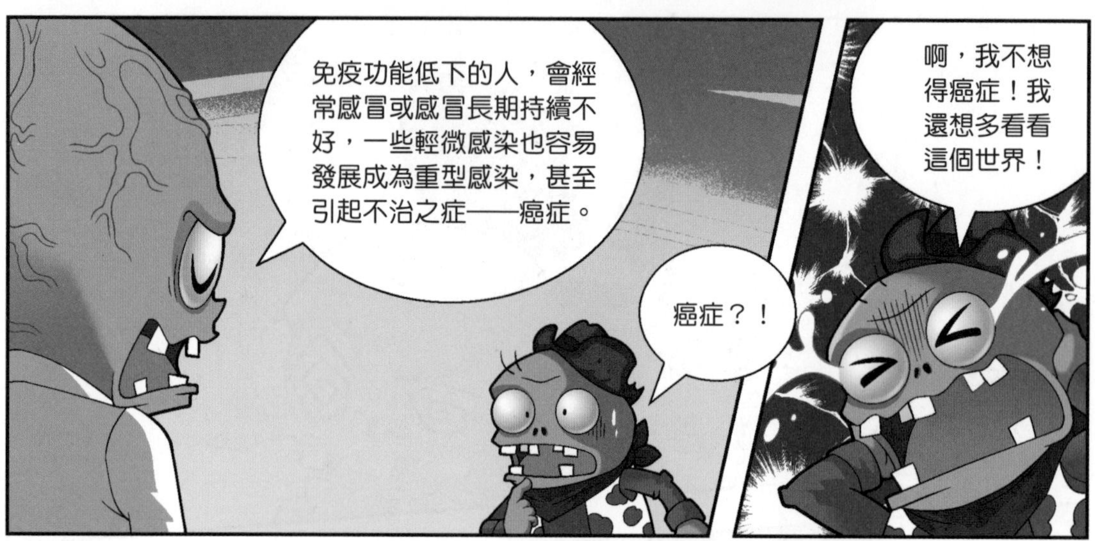
免疫功能低下的人，會經常感冒或感冒長期持續不好，一些輕微感染也容易發展成為重型感染，甚至引起不治之症——癌症。
癌症？！
啊，我不想得癌症！我還想多看看這個世界！

太陽神殭屍，現在騎牛小鬼殭屍的身體這麼差，你必須把祕藥交出來！
這……

太陽神殭屍，救救我吧！

這是我們殭屍拼死保下的寶貝，為了救世主大人，把它交出去是應該的。
快給我！

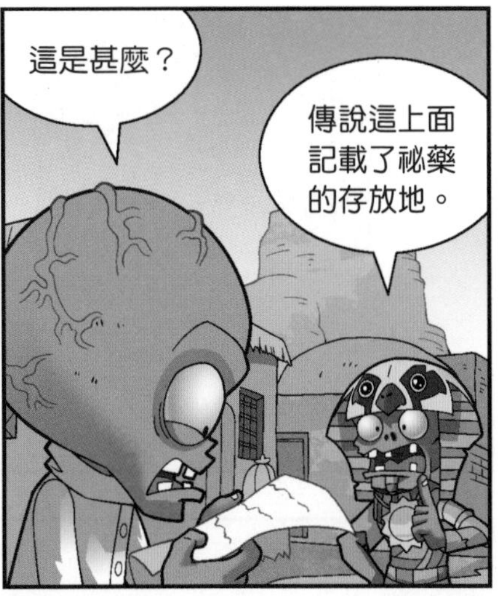
這是甚麼？
傳說這上面記載了祕藥的存放地。

我怎麼一個字都看不懂？
這是偉大的古語，幾近失傳，現在能看得懂的人寥寥無幾。

看你這麼有學問，一定知道上面寫着甚麼。

我也看不懂。

不過我認識「金字塔」這三個字，祕藥一定存放在金字塔中。
金字塔？

我難道還比不過兩個外來的毛頭小子嗎？我非得從書裏找到打敗飛船醫院的辦法不可！
沙沙沙

祕藥……能讓人百毒不侵……金字塔……

哈哈，還有這種東西？真是天助我也！

咦，最後一頁怎麼被撕掉了？

不管了，先去探探再說！

進入金字塔

哈哈，終於能
拿到祕藥了！

等一下！

金字塔內安置着偉大祖先的遺體，是一座聖地，貿然進入會引起祖先憤怒的！
我們不是貿然進入，而是為了救騎牛小鬼殭屍的生命啊！

啊，我真的
好難受……
您說的是！這
麼做也是為了
救世主大人。

老實點！
放開我！

大人，這個植物
鬼鬼祟祟出現在
金字塔周圍，被
我們抓住了！
你才鬼鬼祟祟，
我是光明正大地
來的！

他竟敢私闖聖地，
救世主大人，您說
該如何處置？

不用管他，現
在拿到祕藥才
是最重要的！
你們怎麼也
知道祕藥？

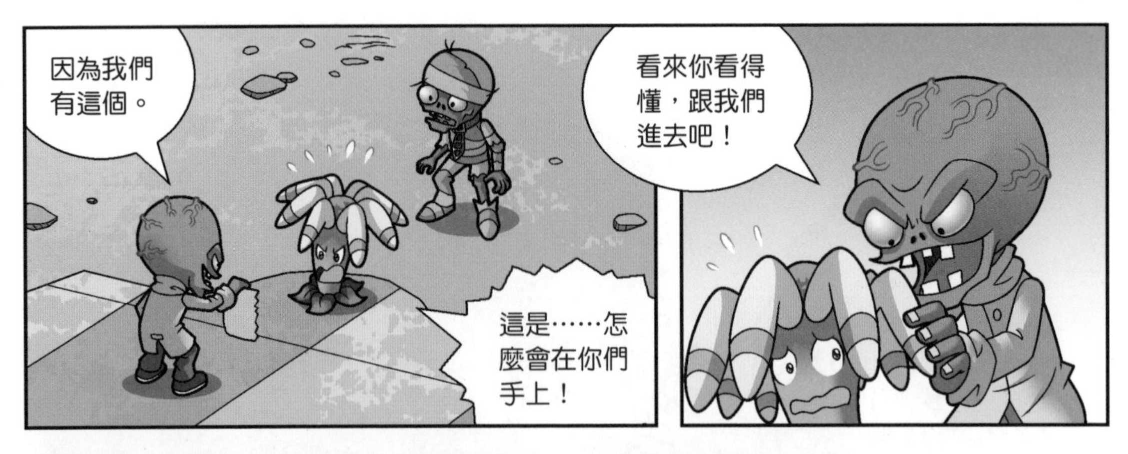
因為我們
有這個。
這是……怎
麼會在你們
手上！
看來你看得
懂，跟我們
進去吧！

救世主大人，我們
不敢違背祖先的規
矩，就不進去了，
你們一切小心！

醫生，我到
底得了甚麼
病啊？
初步判斷是腸炎。
噬碑藤，你來判斷
一下，他的病和免
疫系統有關嗎？

他不是肚子疼嗎，為甚麼和免疫系統也有關呀？
我覺得是有關的。

我看書上說，人體的免疫器官以淋巴組織為主，分為中樞性免疫器官和外周免疫器官。
免疫學基礎

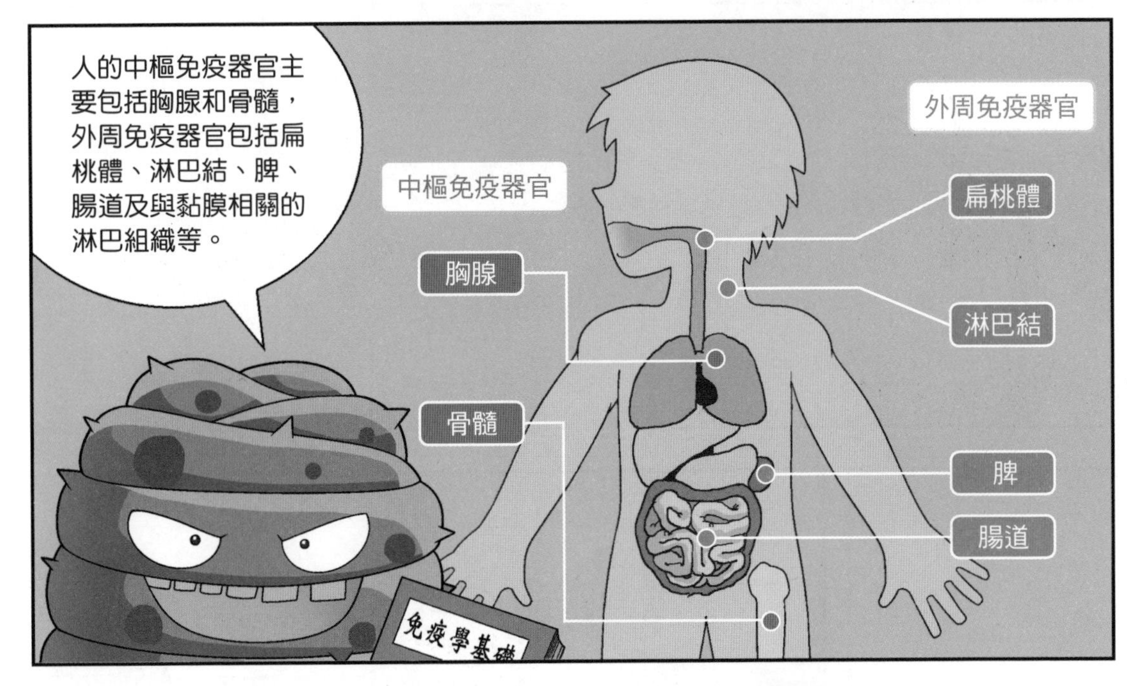
人的中樞免疫器官主要包括胸腺和骨髓，外周免疫器官包括扁桃體、淋巴結、脾、腸道及與黏膜相關的淋巴組織等。
外周免疫器官
中樞免疫器官
扁桃體
胸腺
淋巴結
骨髓
脾
腸道

腸道免疫對抵禦細菌、病毒以及維持腸胃內環境穩定有重要的作用。
是的，其中腸道是最重要的免疫器官之一，人體有一半以上的免疫細胞集中在腸道。
免疫學基礎

腸道免疫功能下降後，有害病菌就有可乘之機，久而久之，腸黏膜防線被攻破，就形成了腸炎。

我這有藥，你按時吃，很快就會好了。
醫生，謝謝你。

噬碑藤，你真的很努力呢。
嘿嘿，也沒有啦，我還要慢慢向你們學習呢。

第二天

你的肚子還疼嗎？
吃了藥，好多了。

我去給你倒點水喝。

慢點兒喝。

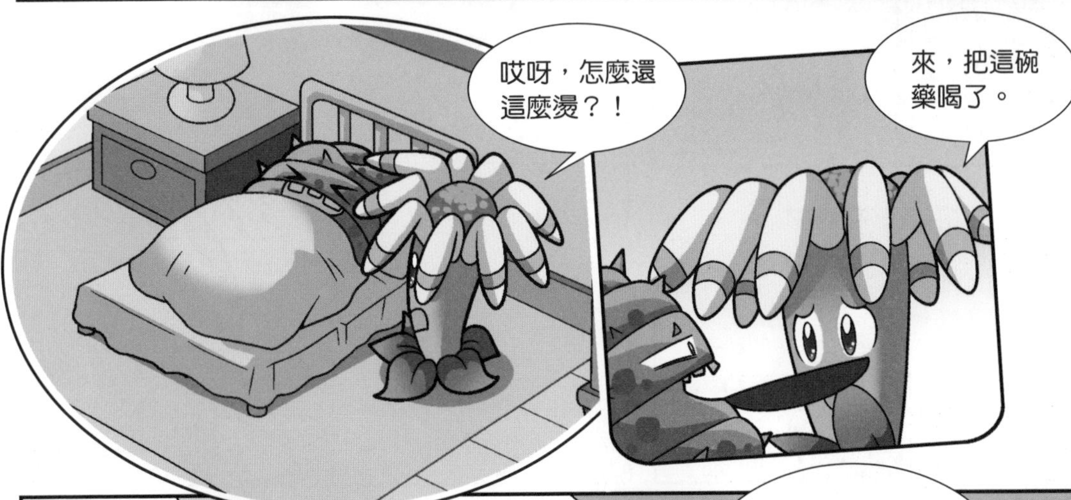
來，把這碗
藥喝了。
哎呀，怎麼還
這麼燙？！

你怎麼了？
沒……沒甚麼……
想起迴旋鏢射手老
師了……

上次吵完，我
就再也沒有回
過診所，他一
定很生氣。
師徒之間哪有甚麼
隔夜仇，說不定他
正在診所等你呢，
回去看看吧。

嗯，你說得
對，我這就
回去看看！

診所

老師，您
在嗎？
咚
咚
咚

上次是我不對，
但我也是想成為
更好的醫生啊。
您就別生
氣了……

老師？

老師不見了！

他能去哪兒？
不知道，我回去的時候在桌上看到了這本書！

這寫的甚麼？我看不懂。
這是古語，我跟老師學過一點，上面寫着祕藥藏在金字塔中。老師不會去那裏找祕藥了吧？

金字塔是古人的聖地，也是他們的禁地，我怕老師有危險。
我們一起去找他吧。

塔中的黑影

尊敬的神明，請
保佑救世主大人
一切順利……

站住！你們
想幹甚麼？
我的老
師呢？

誰是你
老師？
迴旋鏢
射手！

不認識。

就是長得像朵花，但看起來兇巴巴的植物！
他啊，他被救世主大人帶進去找祕藥了。

救世主大人是誰？
我要去救老師！
堅果，我們也去！
快攔住他們！
嗒嗒

我滾！

嗒嗒嗒嗒

我勸你乖乖合作，我的耐心是有限度的。

接下來往哪邊走？
不知道！

把圖紙給我。
別想耍花招兒。

這邊。

嗒嗒嗒

騎牛小鬼殭屍，你跑這麼快幹甚麼？

不是我，我就在你旁邊。

那他是
誰……

嘻嘻
嘻……

快走！
嗒嗒嗒嗒

嗒
嗒
嗒
嗒

博士，我們
甩不掉他怎
麼辦？
我不用甩
掉他——

我只要甩
掉你，
他就不會來
追我了！
嗖

砰

嘻嘻嘻！
你別過來！

可是我還
想和你們
玩呢！

你是誰？
我是木乃伊
小鬼殭屍。

你為甚麼
故意嚇唬
我們？
我沒有嚇唬你
們，我只是想
和你們玩。

啊哈嚏

一定是剛才跑來跑去，出了汗又着了涼，感冒了。

你生病了，這個送給你。
這是甚麼？

維生素C含片，博士說吃了它可以調節免疫功能。
維生素C？

維生素C是人體內不可或缺的營養物質，有利於增強機體免疫功能，幫助抵抗疾病。

跟你解釋太多
你也不懂，趕
緊吃了吧！

味道怎
麼樣？
酸酸甜甜的，
真好吃！

能再給我
一片嗎？
那你得先幫
我一個忙。

恐怖的法老木乃伊

嗒嗒嗒

老師！你在哪裏？
噬碑藤，等等我們！

砰

啊——
老師！

你怎麼會
在這兒？
我是來救你的，
殭屍呢？
放心，我已經
擺脫他們了。
這裏太危險
了，我們快
出去吧！

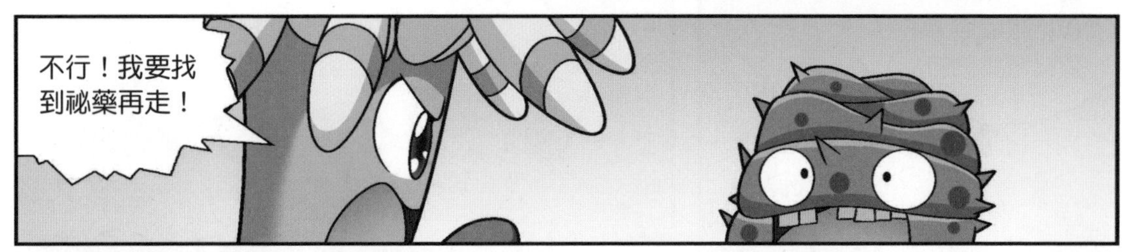
不行！我要找
到祕藥再走！

博士，快醒醒。

你——
你——
你是誰？

博士，他是木乃伊小鬼殭屍，不會傷害我們的。
你好。

喀喀，我們要趕緊把迴旋鏢射手找回來！

不用麻煩了，木乃伊小鬼殭屍會直接帶我們去祕藥的存放處。
真的嗎？

就是這裏了！

這就是傳說中的法老木乃伊嗎？
別碰他！

紙上說千萬不要觸碰石棺，否則會發生意想不到的事。

祕藥藏在哪裏呀？
紙上說想取出祕藥，需要先激活機關，要先踩左邊第三塊……

再踩右邊……

再在中間地磚上猛踩三次。

咔

這就是祕藥？

當然不是，這上面寫的是祕藥配方！

咚
哎喲！

殭屍博士！
又碰到你們了，真是冤家路窄！

把時空之鑰交出來！
把祕藥配方給我！

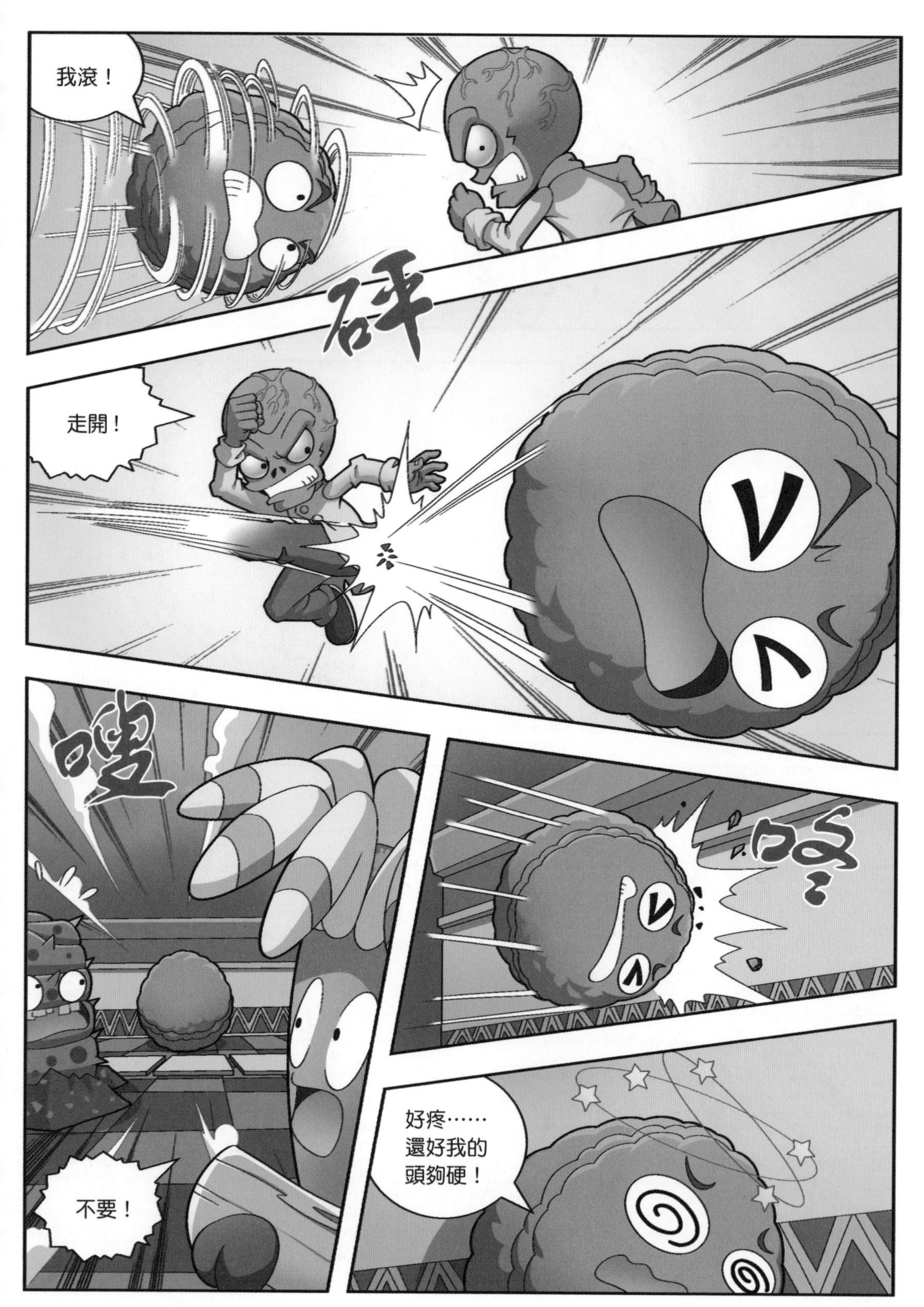
我滾！
砰
走開！
嗖
咚
不要！
好疼……
還好我的
頭夠硬！

堅果，你
快下來！
你身後……

你們居然敢打
擾我，嘗嘗我
的法術吧——

10 分鐘後

撲通

轟隆

媽呀，這睡覺的動靜也太大了！
轟
轟

這邊！

出口在
前面！

快點！

快帶我一起
滾出去啊！
你這樣我
怎麼滾！

堅果！

轟隆隆

豌豆射手！
堅果！

趕緊走，難道
你想永久呆在
這裏嗎？

豌豆射手，
你在哪裏！

堅果……

你沒事吧？
我的腿被石
頭砸傷了。

大門被石頭堵住了，我們得另找出口。

咳咳咳……這裏太嗆了，我很難受。

堅持一下，要相信「人體清道夫」──巨噬細胞，它能分解肝臟裏衰老的紅血球，能清除損壞的神經、斑塊和感染性物質。
肺泡裏的細小塵埃它也能吞噬。

你說的沒錯，但短期吸入太多粉塵，還是會生病的，我們趕快離開這裏。

可怕的成功

診所

豌豆射手和堅果都沒有回來……

走出悲傷最好的辦法就是讓自己忙起來，我給你找點事做。
甚麼？

你去把配方上
的這幾味藥給
我找來！

哈哈，成
功了！

你先來
試試。
不！

真是膽小鬼，
我自己來！

嗝——
老師，您
還好吧？

我好得很，
從來沒有這
麼舒服過！
小心！

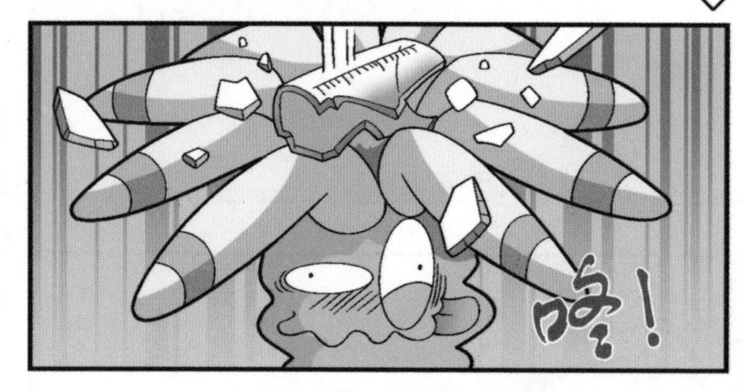
噹！

一點兒都不疼，我
果然百毒不侵，刀
槍不入了！

哈哈哈，有了這
個祕藥，我就是
真正的神醫了！
你說是不是？
這……

第二天

迷迷糊糊

你們都怎麼了？
我們都很好呀，渾身都自在。

你們是不是吃了我老師的祕藥？
對呀。

不過，身上好癢啊。

你們身上長
的這些應該
是濕疹！
濕疹是
甚麼？

濕疹是發生於表皮或
真皮淺層的炎症，是
免疫功能紊亂的一種
表現。

一定是老師的藥
影響了你們的免
疫功能，我要趕
緊告訴他！

他在說甚
麼呀？
誰知道呢？

植物鎮中心廣場

我要一份
祕藥！
我也要
一份！

別擠，祕藥
很充足，大
家都有！
老師！

你來得正
好，趕緊
來幫忙！
老師，祕藥
有副作用，
不能再給大
家吃了！

甚麼副作用？
不要亂說！
祕藥會破壞
身體的免疫
功能，影響
健康！

胡說！祕藥能讓人
百毒不侵，怎麼會
影響健康呢？
您身上長濕疹
了，這就是祕
藥導致的免疫
功能紊亂。

祕藥之前沒有經過
臨牀試驗，有許多
未知風險，請大家
別再服用了！

別聽他胡說。我
敢保證，祕藥能
治療一切疾病，
而且絕對安全！

迴旋鏢射手可是老神
醫了，你這毛頭小子
快躲開，別搗亂！
是啊，你趕
緊走吧！
可是——

唉，到底要怎麼說他
們才會聽呢？要是豌
豆射手和堅果還在，
一定不會變成這樣。

不行，我
一定要找
到他們！

飛船，給我
起飛啊！

嗡！

壁畫的祕密

這裏看着好
眼熟啊。

想不到轉了一圈，我們又回到了法老的墓室。
怎麼多了這麼多壁畫？

是誰在壁畫上遮了一層牆面呢？
這些壁畫剛才還沒有呢，看來是由於剛才的震動，牆身脫落，壁畫顯露出來了。

你看這一幅，殭屍站在高處，像不像在給植物派發甚麼東西？
還真是。

第二幅看起來像是植物變得迷迷糊糊的，對殭屍俯首稱臣，殭屍滿意地笑了。

我明白了！殭屍手上拿的正是祕藥，他們利用祕藥控制植物！

一定是因為殭屍害怕植物們知道了祕藥的祕密，所以才把壁畫遮起來。
我們得趕緊把這件事告訴噬碑藤他們！

嗒嗒
嗒

這邊。
我們一直在往下走，你真的知道出口嗎？

博士，剛才要
不是他，我就
找不到你了。

你還好意思說，
剛才竟敢先跑了，
害得我差點被石
頭砸到！

到了！

這是？
這是獅人終結者
座駕，你們可以
駕駛它衝出去。

尊敬的神明，
請您保佑救世
主大人！

666！哈哈，救
世主大人一定會
平安無事的！
嘩啦啦

老大，我必須
向您坦白一件
事，其實這幾
顆骰子……

轟
獅人終
結者！

轟隆隆
又地震了？

啊

殭屍……

獅人終結者
重出江湖，
殭屍也將重
回盛世！

逃出來的
植物去哪
裏了？
我看到他
們往植物
鎮去了。

朝植物鎮
前進！
是！

糟糕，噬碑
藤他們有危
險了！

啊，我的
腿……
你的傷很嚴
重，我們要
先回飛船！

飲料

這就是植物鎮？
怎麼連個看守都
沒有？
轟隆隆
的確很
奇怪。

一定是被博士
嚇跑了，膽小
的植物！

救世主大人，植物們
統治這裏很久了，一
定不會束手就擒，而
且有些會寧死不屈，
拼命抵抗的，您還是
要多加小心！
哼，我有獅
人終結者，
還會怕弱小
的植物嗎？

殭屍？
你看到獅人終結者了嗎？我們要攻打植物鎮，趕緊投降吧！

啊，殭屍！你們別打我，我投降！

這就是你說的拼命抵抗？
這只是例外，您千萬不能掉以輕心。

你們都聽着，我們現在要佔領植物鎮！
不想挨揍的，就乖乖投降！

殭屍來了，
救命啊！
快跑！

算了算了，
我實在跑
不動了。

我投降了！

我們也跑
不動了。

還有我。
我也是。

哼——

砰

怎麼回事，我
怎麼跑兩步就
沒力氣了？

把植物們都
抓起來！
是！

奇怪，飛船怎麼不見了？！

嘩

轟

唰
你們回來了！
噬碑藤？！

你是怎麼啟動飛船的？
我無意間對飛船說了一句「起飛」，它自己就啟動了。

不愧是瘋狂戴夫，設計出來的東西真夠瘋狂的！

豌豆射手受傷了嗎？
先上飛船再說吧。

甚麼？殭屍去攻打植物鎮了？！

還有一件事，
祕藥配方呢？
老師一回到植物鎮
就按照配方造出了
祕藥，還分發給了
全鎮居民服用。

這下可
糟了！
怎麼了？

那根本不是百毒
不侵的祕藥，而
是殭屍用來統治
植物的工具！

怪不得大家吃了
以後都變得迷迷
糊糊的，身上還
長出了濕疹。
看來是祕藥影響
了免疫功能，導
致免疫失調了。

有辦法治療嗎？

可以注射免疫球蛋白。免疫球蛋白是與抗體分子相似的球蛋白，能夠參與人體免疫運作，應該能治好他們的免疫失調。

聽起來是用來提高免疫功能的……
給我先注射一點吧！

不能亂來，一般來說，人體自身產生的免疫球蛋白就足以維持正常的免疫功能。
如果額外補充免疫球蛋白，反而可能出現頭痛、寒顫、血栓等不良反應。

別……別說了，還是給該注射的人注射吧……

最終決戰

嗱

植物鎮

累死了，休息一會兒！

植物們都已經被關進牢裏了，真不明白為甚麼還要巡邏！
聽說是救世主大人擔心有漏網之魚。

哪有甚麼漏網之魚，我看是多此一舉！
噓，小聲點，小心被別人聽到了！

快走吧，巡完這一圈就能吃飯了。

他們被關在這邊。

甚麼時候才能給我們祕藥啊？
對啊，不是說好每天準時供給嗎？

吵甚麼吵，等藥房做好，自然會送過來的！

快點，我受不了，現在就要！
現在就要！現在就要！

都安靜，我去問問！

嗒

嗒嗒
嗒嗒
祕藥這麼快就送來了！

怎麼是你們呀？

我們是來救你們出去的。
出去了有祕藥吃嗎？

肯定沒有，迴旋鏢射手都被抓了，誰還會做祕藥啊？
那算了，我還是在這裏等祕藥吧。

你們現在已經被祕藥迷惑得無藥可治了！在金字塔裏，我們已經發現了祕藥的真相，祕藥實際是迷藥，大家必須儘快跟我們出去。

對，祕藥腐蝕了大家的心智和身體，難道你們沒有發現自己的身體比以前更虛弱了嗎？

那根本就不是讓人百毒不侵的神藥，而是殭屍用來控制植物的毒藥！

可是祕藥能
帶來迷幻。
你——

我們的祖先曾經也因為祕藥迷失過，但是他們後來醒悟了。正是因為他們抵住誘惑，奮勇抗爭，這才打跑了殭屍，換來這麼多年的安寧。
如果我們貪圖一時的虛幻，以後一定會陷入無窮的後悔中！

難道，我們真的錯了？
噬碑藤說得對，我們要真實的自由，不要虛幻的迷失！

放棄祕藥，反抗殭屍！
放棄祕藥，反抗殭屍！

沒錯，我們不要祕藥，我們要自由！

咚

寒冰射手，你怎麼了？
剛才太激動了，頭有點暈……

別擔心，我們帶了免疫球蛋白，應該能治好你們的免疫失調症。

注射完再休息幾天，很快就能恢復健康了。
謝謝你們。

這段時間，你們就假裝仍然被祕藥所迷惑，等大家的體力都恢復了，我們再一舉推翻殭屍的統治！
明白！

這就是祕藥？這麼
一顆小小的藥丸就
能讓人迷失心智，
放棄抵抗？

不過還真多虧了你，
我們才能如此輕易地
勝利。你好好幹，以
後我不會虧待你的。

衝啊！反抗
殭屍！

出甚麼
事了？
植物們不知道怎
麼回事，突然有
了鬥志，要和我
們拼命呢！

強力豌豆！
我滾！
又是你們
幾個！

冰凍殭屍！

砰
啊！

拼了——

給我走開！
啊！

趕緊投降吧！

小小植物，開個破飛船以為我會怕嗎？看我的厲害！

砰

可惡，要是
這個飛船也
能發射武器
就好了！

轟轟
轟轟
轟轟

砰

尊敬的神明，
請為我指明前
方的道路吧！

哈哈哈，又
是三個 6 ！

老大，我們頂不住了，快跑吧！
跑甚麼跑，沒看見占卜結果嗎？我們殭屍要大勝了！

跟您說實話吧，這是我特製的骰子，怎麼擲都是三個 6 ！
甚麼？

你們為甚麼要這麼做？
還不是因為你每次占卜，只要結果不好，就拿我們出氣！我們也沒辦法呀！

難道之前的占卜都是假的，根本就沒有甚麼救世主？

趕快離開我
們的村莊！
下次要是還敢
來，我們就不
客氣了！

殭屍博士，
把時空之鑰
交出來！
沒有。

沒有？

最後再給你一次
機會，快把時空
之鑰交出來，不
然就把你關到金
字塔裏！
別別別，我把它
藏起來了，我告
訴你們在哪兒。

太好了，總
算能結束這
一切了。

豌豆射手，
快救救我老
師吧！

他怎麼了？
他說他不想
活了，把所
有的祕藥都
吃了！

快帶他去
飛船上！

他的昏迷可能
是細胞因子風
暴引起的。
甚麼風暴？
免疫細胞會釋放
大量促炎性細胞
因子，來抵抗外
來入侵或清除異
常物質。
如果獲得勝利，免
疫系統便會減少釋
放細胞因子，維持
機體穩定。

迴旋鏢射手吃了太多祕藥，免疫功能嚴重失調。
但是當免疫系統被過度激活時，產生的細胞因子會迅速大量積聚，那時候，它們會攻擊機體的一切細胞，引發全身炎症、多器官衰竭，甚至導致死亡。

請你一定要想辦法治好他啊，求求你了！

可以使用免疫抑制劑來調節細胞因子風暴，使免疫反應處於一個正常的範圍，既能消滅病毒，又不會過度殺傷正常的組織細胞。

老師！
我不要你們治療！這都是我應得的，我該受到這樣的懲罰！

如果不是因為我的自私，植物們也不會吃到祕藥，給了殭屍可乘之機，都是我的錯！

你們都別管我，讓我自己消失吧！

老師，逃避解決不了問題，你這樣一走了之，大家更不會原諒你了！

迴旋鏢射手，過去的事已經發生，沒法改變，但未來我們可以做得更好。

是啊老師，而且我從小和您相依為命，您要是走了，我怎麼辦啊！
唉……都是我的錯，就讓我用餘生來補償我的過錯吧。

病情終於控制住了，現在只要好好休養就行了。

謝謝你們，我現在才知道我們之間的醫學水平差距有多大。

沒有你們的探索，也不會有未來的科學，我們是站在巨人肩膀上啊。

第二天

再見，我們
要走了。

謝謝你們
的幫助。

時空之鑰，
請帶我去往
你的世界！

奇怪，你們怎
麼也跟來了？
不是我們跟來
了，是你們根
本就沒動。

怎麼回事，時
空之鑰怎麼沒
用了？
難道這把鑰匙是
一次性的？那我
們豈不是永遠也
回不去了？！

鑰匙？

我家裏好像也有一把這樣的鑰匙，你們等等我！

這是我的一個朋友送給我的，鑰匙就在裏面。

這是……海盜的標記？
（未完待續……）

怎樣才能保證我們的免疫系統有序工作呢？

健康的生活方式是免疫系統正常工作的基礎。我們平時生活要有規律，要注重衞生、根據科學、不迷信，生病及時就醫，積極參加健康有益的文體活動……具體我們可以從以下三個方面入手喲！

首先，要均衡膳食。要知道腸道是我們人體最大的免疫器官，人體免疫細胞有一半以上駐紮在腸道周圍，因此，要保證我們的免疫系統正常工作，維護好腸道菌羣的平衡是很重要的。我們要多吃蔬果、奶類、豆類；適量吃魚、蛋、瘦肉；少鹽少油，規律進餐，足量飲水；養成公筷分餐等好習慣。

其次，有規律地運動。運動會加速血液循環和新陳代謝，可以使免疫細胞更好地在體內「巡邏」。如果身體被細菌和病毒感染了，相比之下，經常運動的人體內的免疫細胞，會更快地發現病菌、消滅病菌。

再次，保持心情愉悅。我們在心情好的時候，內分泌才穩定，腸胃功能也穩定，吸收、消化都正常，這樣，免疫系統才會正常而有序地工作。

運動竟會導致免疫力降低？

眾所周知，長期且規律的運動可以有效增強人體的免疫力，達到強健體魄、預防疾病的目的。但是，如果我們平時沒有運動習慣，或者平常運動強度不高，突然進行高強度的運動，就有可能發生運動性免疫抑制。具體來說，就是當身體突然進行高強度運動時，過度負荷會讓身體免疫功能下降，表現為對疾病的易感率升高。

所以，不要覺得運動愈多，免疫力愈強。運動的強度一定要適度，要循序漸進，要以身體的感受為準，不要貪多貪快。另外，運動完要休息一會，記得洗澡，更換衣物。運動完的衣物極易成為細菌滋生的培養皿，及時換下這些衣物，可以減少細菌、病毒的感染機會。最後，還要注意保證充足的睡眠，讓我們的身體儘快恢復。

為甚麼冬天尤其容易感冒？

許多人到了寒冷的冬天，很容易患上感冒，於是，我們就理所當然地認為感冒是由寒冷引起的。其實不然，引發感冒的「罪魁禍首」其實是病毒。研究人員發現，大多數會引發人們感冒的常見病毒，在寒冷的環境中更容易複製。而且冬季人們更偏向於待在室內、車內等相對密閉的環境，這些地方不經常通風換氣，有利於病毒的擴散傳播。很多因素綜合起來，才造成冬天感冒高峯。因此，提高身體免疫力才是抗感冒的關鍵，只要免疫力提高，就沒那麼容易被傳染感冒了。

普通感冒是一種自限性疾病，打噴嚏、流鼻涕等症狀，都是身體正常的免疫反應，不吃藥也可以在一週左右恢復健康。如果實在難受，可以選用一些緩解症狀的藥物。但是如果感冒伴隨着高燒不退、食慾減退、全身痠痛等症狀，則需引起警惕，因為你很可能患上了流感，需要及時前往醫院就診。

新冠病毒會通過頭髮和衣物傳播嗎？

新冠病毒的傳播途徑主要是呼吸道和密切接觸，在相對封閉的環境中也可以經氣懸膠體傳播，接觸被病毒污染的物品也可能造成感染。在潮濕的空氣中，新冠病毒可存活 48 小時左右。在乾燥的空氣中，新冠病毒 2 小時後活性就會明顯下降，傳染性明顯降低。並且，人感染病毒需要一定的條件，比如病毒的含量、病毒的活性……所以，綜合以上幾個因素，通過衣物和頭髮感染新冠病毒的概率很低。如果沒有去過醫院等特定場所，或者未和新冠病毒肺炎的病人有過接觸，就不需要對衣物專門進行消毒。

另外，研究表明，比起光滑的表面，新冠病毒在毛質衣物上存活時間更短。因為多孔表面會把病毒「抽乾」，讓病毒失去感染活性，而在光滑無孔的表面上，水分能夠更好地保持。因此，在觸碰電梯按鈕、車廂扶手、牆面開關等光滑物體時，我們更應該注意防護。建議大家外出歸家時，一定要及時洗手，並將外衣儘量掛在通風的地方。

傻傻分不清的「抗原」「抗體」究竟是甚麼？

人體免疫系統能夠發現並清除外來病原微生物，是人體防衛病原體入侵十分有效的武器。一般來說，外來病原微生物就是抗原，它可以是病毒、細菌以及人體自身死亡的細胞等，是刺激機體產生免疫反應的物質。抗原會刺激機體產生抗體，抗體是免疫系統產生的可結合抗原的一種免疫球蛋白。

簡單來說，抗原是入侵者，被機體識別後，機體會產生反應來消滅它，產生反應形成的物質就是抗體，抗體是機體的防衛者，是對抗抗原的物質。

比較有代表性的抗原就是我們接種的疫苗。疫苗是對病毒或細菌進行減毒或滅活處理後的物質，然後將其注入體內，可誘導人體免疫系統產生免疫球蛋白，這種免疫球蛋白就是抗體。當人體再次受到這種細菌或病毒侵襲時，之前注射疫苗所產生的抗體就會產生免疫反應，從而達到預防疾病、保衛健康的目的。

抗原檢測是甚麼？它和核酸檢測的區別是甚麼？

抗原檢測就是通過是否有抗體和抗原特異性的結合反應來確定人體內是否含有病毒，而核酸檢測主要是檢測人體內是否有病毒內部的基因。核酸檢測需要通過特定的儀器和試劑，來擴增人體內的基因片段，讓可能存在的極少量的病毒基因濃度大大增加，所以獲得結果需要的時間較長。

抗原檢測可以簡單理解為，檢測病毒表面的蛋白質衣殼，它包裹在整個病毒的表面，很容易被識別。與核酸檢測相比，抗原檢測的速度更快，操作也更便捷，不需要專業人員採樣，也不需要專門的設備，普通居民在家就可以自行檢測，10 至 20 分鐘就可以獲得結果。但抗原檢測只是一種初步手段，核酸檢測才是確診依據，所以實際生活中通常聯合使用抗原檢測和核酸檢測，綜合判讀結果，可以提高疾病的檢出率，儘可能地找出確診患者，更有利於疫情的控制。

羣體免疫真的有效嗎？

羣體免疫原本是指通過接種疫苗，讓足夠多的人對某種傳染病獲得免疫力，使該疾病無法在人羣中進行有效傳播的方式。更通俗地講，就是讓體內有免疫力的人形成一堵牆，將沒有免疫力的人與病原體隔開，使傳染病不再大規模傳播。

一般來說，對某種流行病的羣體免疫都是通過接種疫苗達成的，比如天花、脊髓灰質炎、白喉等。

新冠病毒極易發生突變，即使接種了疫苗，也有可能出現感染。因此，面對疫情，最重要的是阻斷病毒的傳播，提高我們的疫苗接種率，加快科技研發，研製出藥效更高的特效藥，等待着疫情過去的曙光。

□責任編輯：華　田
□裝幀設計：龐雅美　鄧佩儀
□排　　版：楊舜君
□印　　務：劉漢舉

植物大戰殭屍 2 之人體漫畫 11
——金字塔的祕密

□
編繪
笑江南

□
出版
中華教育
香港北角英皇道 499 號北角工業大廈一樓 B
電話：(852) 2137 2338　傳真：(852) 2713 8202
電子郵件：info@chunghwabook.com.hk
網址：http://www.chunghwabook.com.hk

□
發行
香港聯合書刊物流有限公司
香港新界荃灣德士古道 220-248 號
荃灣工業中心 16 樓
電話：(852) 2150 2100　傳真：(852) 2407 3062
電子郵件：info@suplogistics.com.hk

□
印刷
泰業印刷有限公司
香港新界大埔大埔工業園大貴街 11-13 號

□
版次
2024 年 2 月第 1 版第 1 次印刷

□
規格
16 開 (230 mm × 170 mm)

□
ISBN：978-988-8861-25-5